VUES GÉNÉRALES SUR L'AMÉLIORATION DE L'AGRICULTURE EN FRANCE,

PRÉSENTÉES

A LA COMMISSION D'AGRICULTURE ET DES ARTS,

Par JEAN-BAPTISTE DUBOIS, Membre d'Agence d'Agriculture de la Commission, l'un des Rédacteurs de la Feuille du Cultivateur.

LA Convention nationale charge tous ses comités et tous ses membres de méditer sur les moyens à prendre pour vivifier l'Agriculture, l'Industrie, les Arts, les Sciences et le Commerce, et de lui présenter leurs vues sur cet objet important, qu'elle recommande à la discussion de toutes les Sociétés populaires : elle invite tous les citoyens à s'en occuper et à lui faire parvenir le résultat de leurs méditations. DÉCRET du 28 Fructidor, de l'an II de la République une et indivisible.

A PARIS,

DE l'Imprimerie de la FEUILLE DU CULTIVATEUR, rue des Fossés-Victor, n°. 12.

AN III.

AVIS.

Ce mémoire, écrit très-rapidement, comme il sera aisé de s'en appercevoir, eût été susceptible de développemens intéressans : mais les occupations multipliées qui me sont confiées, ne m'ont pas permis de lui donner plus d'étendue. S'il peut indiquer quelques vérités utiles, offrir quelques vues salutaires à l'Agriculture, je m'applaudirai d'avoir obéi au décret du 28 Fructidor, en le publiant.

VUES GÉNÉRALES
SUR L'AMÉLIORATION
DE L'AGRICULTURE
EN FRANCE.

L'AGRICULTURE doit être la base de la prospérité de la France. Cette vérité, à laquelle la nature, l'étendue, la variété et les limites du sol français, ont donné tous les caractères de l'évidence, a été inutilement répétée, depuis quelques années; elle n'a commencé à être généralement sentie, que lorsque l'amour vrai de la liberté a succédé, parmi nous, au charlatanisme qui se paroit de ses couleurs.

Aujourd'hui, enfin, les Administrateurs et les administrés sont convaincus que le premier remède à nos maux, le premier principe de toutes les améliorations dont nous soyons susceptibles, consiste à tout faire pour l'Agriculture, parce que l'Agriculture peut seule vivifier toutes les branches de l'industrie nationale, parce que seule elle peut nous rendre les richesses que notre situation nous promet, la force qui en est le résultat, et les mœurs qui sont la sauve-garde des Républiques.

Mais si les opinions se réunissent en ce point, elles sont bientôt divisées sur les moyens de parvenir à un but aussi désirable. Deux causes qu'on n'observe pas assez contribuent à les égarer.

La routine aveugle qui perd l'Agriculture elle-même, corrompt aussi l'opinion de quelques-uns de ceux qui s'occupent de l'améliorer. Fidèles, sans s'en appercevoir, aux impressions de ce genre, qu'ils ont reçues dans des tems antérieurs, ils ne pensent qu'à des prix, des Académies et des réglemens. Ils oublient, sans doute, que, s'il étoit de l'intérêt des despotes de paroître favoriser les progrès de l'Agriculture, et même de les favoriser en effet, ils devoient nécessairement se tromper sur les moyens de faire prospérer un Art qui mène aux mœurs et à la liberté, et dont la simplicité s'accorde si mal avec le luxe et la corruption des Cours.

D'autres apôtres de l'Agriculture, dont l'esprit actif s'est dégagé depuis long-tems de la rouille de l'ancien régime, arrivent aux mêmes erreurs que les premiers, par une route toute opposée.

Comme ils n'ont vécu jusqu'à présent qu'au milieu des orages de la liberté qu'ils adorent, comme ils sont accoutumés à lui faire des sacrifices de tous genres, comme ils s'étonnent chaque jour des miracles opérés par l'énergie révolutionnaire, ils appliquent à l'Agriculture les moyens de vigueur qui ne sont applicables qu'au gouvernement, dans des circonstances données, ils demandent des loix et des réglemens, ils veulent en même tems des menaces et des récompenses.

Si les uns et les autres avoient un peu plus réfléchi sur le caractère des hommes, en général, sur celui des habitans des campagnes en particulier; s'ils connoissoient par leur propre expérience, combien il est difficile, même par la persuasion, d'établir une vérité pratique sur les ruines d'un vieux systême routinier pour lequel le respect est transmis d'âge en âge, de père en fils, de génération en génération; s'ils avoient observé que l'esprit des cultivateurs, plus rapproché des sentimens de la nature, que celui des citadins, est aussi plus ami de la liberté et de l'indépendance, qu'il a cette *roideur* dont parle *Montaigne*, toujours prête à *regimber* contre tout ce qui a l'air d'une contrainte inutile, ils ne penseroient pas qu'on pût améliorer l'Agriculture par des loix et des réglemens.

Ne sont-ce pas, au contraire, les loix et les réglemens qui l'ont réduite au point de décadence où elle est aujourd'hui? Ne sont-ce pas ces moyens qui ont rendu la routine encore plus désastreuse qu'elle ne l'eût été, abandonnée à elle même? de combien d'entraves cette routine a-t-elle été chargée, pour maintenir ces droits odieux que le premier souffle de la liberté a fait disparoître? Mais il n'est pas besoin de s'arrêter à ces monumens honteux du despotisme; parcourons seulement le fatras informe des loix et réglemens qu'il a publiés, sous le prétexte apparent d'encourager l'Agriculture, nous trouverons qu'il n'y a peut-être pas une vérité agronomique qu'il n'ait indiquée, pas une amélioration qu'il n'ait ordonnée, et toujours inutilement, parce que, marchant une verge de fer à la main, il imprimoit le titre de loi à toutes ses opérations, parce qu'il étouffoit, dans ceux même qu'il encourageoit, tout sentiment d'émulation, en les rappellant, sans cesse, à celui de leur dépendance.

Cette marche constamment impérative pourroit-elle convenir au régime de la liberté? Seroit-ce donc en vain que l'habitant des campagnes auroit espéré de voir son sol aussi libre que lui? Non, sans doute, ces loix là seules assureront son bonheur et la prospérité de la France, qui maintiendront le droit imprescriptible qu'il a, de diriger le produit de son sol vers tel ou tel point d'utilité publique.

Mais, dira-t-on, il est ignorant, il est asservi à la routine, il faut le forcer à bien faire?

Il n'est qu'un remède à l'ignorance, c'est l'instruction; il n'est qu'un moyen de briser les chaînes de la routine, c'est encore l'instruction. Tout ce qu'un homme libre peut imaginer pour améliorer l'Agriculture de son pays, se réduit à ce point unique; tout mode d'amélioration qui n'y reviendroit point, est contraire à la liberté et à l'intérêt général; tout projet qui s'en écarte, est dicté par un charlatanisme ambitieux ou par une imagination exaltée qui perd de vue les vrais principes.

Le mot *instruire*, il est vrai, présente d'abord une idée si vague et si générale, qu'il ne sçauroit fixer l'incertitude du législateur ou de l'administrateur. Attachons-y donc les développemens dont il est susceptible, et nous ne tarderons pas à être convaincus qu'il renferme seul la solution du problême de la restauration de l'Agriculture.

Instruire, en économie rurale, c'est répandre la connoissance d'un grand nombre de faits, d'où résultent des vérités pratiques; c'est prouver par des expériences multipliées, que, dans une position donnée, l'intérêt du cultivateur est de suivre tel ou tel procédé.

Or, il n'existe que deux manières de faire connoître ces faits et ces expériences; celle de les propager dans les livres, dans les feuilles, dans les mémoires, dans les sociétés populaires, etc. qui est la moins bornée dans ses effets, mais dont l'action est plus lente, et celle de l'exemple, qui est plus limitée, mais plus efficace. Elles sont faciles à réunir, et alors elles agissent avec beaucoup plus de force; elles se servent mutuellement de véhicule, de soutien et d'aliment.

Tout l'art du législateur et de l'administrateur consiste donc à réunir ces deux moyens, en multipliant, sur-tout, les exemples. Le but de ce mémoire est d'indiquer quelques vues à cet égard, et de prouver que ce mode d'amélioration est seul compatible avec la liberté.

Mais ce n'est point assez de démontrer que l'instruction seule régénérera notre Agriculture; c'est une vérité qui n'a besoin que d'être annoncée pour être sentie. Ce n'est point assez non plus que d'indiquer les moyens d'instruire; ils sont connus : il faut plus encore, il faut rechercher la possibilité qu'on a de les employer, et quels sont particulièrement les points d'économie sur lesquels l'instruction est le plus nécessaire.

Plus une vérité a fait de progrès, c'est-à-dire,

plus elle est généralement connue, et plus il est facile d'en obtenir les résultats qu'on a droit d'en espérer. Il n'en est peut-être pas une en économie rurale, parmi celles qui sont le plus généralement avouées, que l'on puisse dire être généralement mise en pratique. Il y a plus; c'est que ces vérités sont encore ignorées du plus grand nombre de ceux qui auroient intérêt à les connoître.

On doit donc d'abord s'occuper à les propager par une suite d'instructions écrites avec beaucoup de clarté et de simplicité, et remplies de faits et de procédés. Leur indication est l'objet de la première partie de ce mémoire.

Mais il est des vérités qu'on pourroit appeller secondaires, et d'autres qui tiennent aux localités, qu'on n'a point encore prouvées, ou qui sont ignorées de ceux même qui s'imposeroient la fonction de les répandre. Quels sont les moyens d'en acquérir la connoissance ou la preuve? c'est ce qu'on examine dans la seconde partie de ce mémoire.

Pour assurer l'efficacité de ces instructions, il est important de multiplier les exemples et d'indiquer le moyen d'y parvenir : la troisième partie est consacrée à cette intéressante discussion.

PREMIERE PARTIE.

SI nous comparons notre Agriculture actuelle, prise en masse, à ce qu'elle pourroit et devroit être, nous sommes forcés de convenir qu'elle est bien loin de mériter des éloges: mais il n'en faut pas conclure que nous manquions d'agriculteurs éclairés, et que cette vérité soit applicable à tous les points de la République. C'est pourtant ce que l'on répète trop souvent, et, par une suite de cette injustice, nous semblons être persuadés qu'on ne peut faire à l'Agriculture anglaise aucun des reproches qu'on fait si justement à la nôtre. Il est bien vrai que le systême de culture des Anglais est, en général, très-supérieur à celui que nous suivons; mais il ne faut pas croire qu'on ne trouve pas en Angleterre beaucoup de cultivateurs asservis à une routine défectueuse; leurs écrivains les plus accrédités nous l'apprennent à chaque page de leurs ouvrages, quoiqu'ils soient toujours disposés à montrer, dans toute sa nudité, l'insolence de l'orgueil qui leur est si naturel.

Ne nous décourageons donc pas à la vue des défauts de notre Agriculture et de la supériorité de celle de nos voisins; énorgueillissons-nous, à notre tour, de l'excellence et de la variété de notre sol; songeons qu'en le cultivant, comme il doit l'être, nous ne serons tributaires d'aucune nation, pour aucun de nos besoins, ou que, du moins, nous offrirons aux étrangers une masse d'échanges si énorme, que notre puissance politique en acquerra l'accroissement le plus formidable. C'est une première vérité, une vérité fondamentale, qu'il importe de démontrer dans une instruction particulière, pour former l'esprit public sur le fait de l'Agriculture. Cette instruction souvent répétée, et répétée de mille manières, offrira l'état actuel de notre Agriculture, la dépendance où elle nous met pour une foule de besoins de première nécessité, la comparaison de notre sol, tant pour sa nature et sa variété, que pour son étendue, avec celui de l'Angleterre et des Nations les plus renommées pour leur culture, la comparaison des produits actuels, celle des produits évidemment possibles que nous obtiendrons avec des soins et de l'activité, celle des produits de nos Départemens les mieux cultivés avec les produits de ceux où une inertie plus malheureuse que coupable, réduit le premier des Arts. Cette Instruction, toute en faits possibles et bien reconnus, appuyée de calculs et de réflexions simples, rédigée avec méthode, doit être prodigieusement répandue. Il faut la lire dans les Sociétés populaires, au Temple de la Raison, par-tout enfin où elle pourra être entendue avec fruit. Il faut qu'elle serve de texte aux Administrateurs, et aux Orateurs qui entreprendront d'y ajouter toutes les réflexions que leur suggérera leur patriotisme. Ils n'oublieront point qu'on n'a d'autre but, en la publiant, que d'exciter, par la persuasion, cet enthousiasme universel qui peut seul produire des effets prompts et, pour ainsi dire, miraculeux; ils se rappelleront ce que le Français a fait pour la liberté, dès qu'il l'a bien connue; il agira de même pour l'Agriculture, dès qu'on lui en aura démontré l'importance pour la prospérité publique, et sur-tout quand on lui aura prouvé que son amélioration est intimement liée avec le maintien de la liberté.

Il s'agit ensuite de diriger l'action de l'esprit public éclairé par cette première Instruction. Il s'agit de lui inculquer les principes sans lesquels il n'y a point d'amélioration à espérer. Trop souvent l'enthousiasme de l'ignorance (car elle a aussi le sien) a été partagé par une multitude de Cultivateurs. On leur a tellement persuadé qu'il n'y avoit point d'amélioration, sans extension de culture, que presque tous les essais de ce genre ont été réglés par ce préjugé, et que conséquemment leur non succès ou leurs suites ont fait naître le découragement. De là, la manie désastreuse des défrichemens, qui a perdu une portion de l'Agriculture française. Il importe donc de démontrer dans une instruction particulière, que le premier pas à faire, pour améliorer, n'est pas de donner plus d'étendue à la culture, mais de mieux cultiver ce qui est déjà en culture; que le produit du sol cultivé, en France, pris en masse, est susceptible d'être augmenté d'un tiers et peut-être d'une moitié, si l'on adopte une meilleure méthode pour l'obtenir; que cette conduite est celle des Anglais dont on ne cesse de nous rappeller l'exemple, que, pour faire prospérer leur Agriculture, ils n'ont employé d'autre moyen que celui d'adopter un système presque directement opposé au nôtre, et de perfectionner au lieu d'étendre.

Ces vérités suffisent pour fournir la matière d'une Instruction. Cependant on pourroit y comprendre des observations sur les défrichemens et les dessèchemens. On présenteroit le tableau des effets généraux des défrichemens qui ont été entrepris, des suites malheureuses qu'ils ont eues, en général, des circonstances où il est réellement avantageux de défricher, et de la méthode à laquelle on doit s'astreindre quand on s'y détermine. Les dessèchemens offrent des observations plus consolantes; il est facile de démontrer qu'il n'est aucun cas où ils ne soient utiles; qu'en général ils récompensent mieux et plus promptement les soins de ceux qui les opèrent, et qu'ils contribuent davantage au bien général. Ce seroit alors le lieu d'indiquer les moyens de les entreprendre, en insistant particulièrement sur les plus simples et les moins coûteux à employer par les Cultivateurs qui se disposent à en opérer de partiels. En leur mettant des exemples sous les yeux, et on n'en manque pas de ce genre, on leur prouveroit que ces opérations ne sont ni aussi longues, ni aussi difficiles qu'ils le pensent, et qu'ils ne doivent pas s'en rapporter aux calculs des charlatans avides, toujours prêts à les abuser.

Il est aisé de sentir combien les trois parties de cette Instruction seront intéressantes. Elle en appelle une autre sur la nature des terres et celle des engrais. C'est peut-être la partie de l'Économie rurale sur laquelle on ait le plus écrit, et sur laquelle chaque Cultivateur pense avoir le plus de connoissances. Cependant il n'y a rien de si vague et de moins déterminé; on ne s'entend pas sur la dénomination des terres; telle nomenclature adoptée dans un lieu, a une autre signification, souvent à peu de distance, de manière que les descriptions d'expériences, ou les Instructions, peuvent être entendues diversement et mal jugées suivant les localités. Il seroit donc infiniment intéressant de fixer les idées des Cultivateurs sur la nature des terres, et de leur indiquer des caractères faciles à saisir ou des procédés pour les reconnoître. La suite naturelle de cette première partie de l'Instruction seroit une théorie de l'engrais, dans laquelle on développeroit avec beaucoup de netteté les principes généraux sur lesquels elle est fondée et leur application particulière aux différentes espèces de terre.

Après avoir démontré aux Cultivateurs que souvent ils ont sous la main, sans en faire usage, des engrais qui conviendroient à leur sol, il n'est pas moins essentiel de les instruire du moyen de multiplier les plus précieux, en multipliant les bestiaux. Mais pour élever et entretenir ces bestiaux, il faut les nourrir, et pour les nourrir il faut établir une juste proportion entre les prairies et les terres labourables. Cette Instruction a donc aussi deux parties : dans la première, on prouveroit, par les faits et par les calculs, de quel intérêt la multiplication des bestiaux est pour le Cultivateur, sous une infinité de rapports, et la seconde seroit entièrement consacrée aux prairies artificielles, matière qui attend encore un ouvrage élémentaire qui ne renferme que des vérités sans exagération.

Parmi les animaux qu'il est important de multiplier, les bêtes-à-laine doivent occuper le premier rang dans notre système d'amélioration. Il faut donc leur consacrer une Instruction particulière dans laquelle on traitera, tout-à-la-fois, de leur éducation et de leur perfectionnement. On a une multitude de ressources pour rédiger cette Instruction. Les faits abondent; des essais heureux et assez multipliés fixent, d'une manière certaine, les succès qu'on peut se promettre dans les différens Départemens; on a des ouvrages estimables sur cette partie de l'Économie champêtre; en un mot, il n'en est aucune sur laquelle on ait des renseignemens plus sûrs. Mais après l'Instruction générale destinée aux Cultivateurs, il y en auroit une particulière à publier en faveur des Bergers. Cette classe d'hommes qui n'a jamais été mise à sa place parmi nous, est, en général, dépourvue de lumières et de moralité. Elle a besoin d'être entièrement régénérée, et cette opération est un des premiers pas à faire pour faciliter le perfectionnement des bêtes-à-laine. Ainsi, il ne suffira pas de rédiger une Instruction à l'usage des Bergers; il est encore nécessaire d'en former des pépinières dans les différens points de la République,

blique, pépinières qui en fourniront aux propriétaires et d'où sortiront des hommes instruits. Cette idée que nous ne pouvons qu'indiquer ici, est susceptible des développemens les plus intéressans.

Les bêtes-à-cornes, les chevaux, et, en général, tous les animaux qui sont les compagnons de l'homme dans ses travaux ou dont les produits servent à sa nourriture, seront l'objet d'Instructions particulières, dans lesquelles on détaillera la manière de les élever, de les nourrir, de les engraisser, de prévenir leurs maux ou de les guérir. Chacune de ces Instructions sera un bienfait, si elle est rédigée d'une manière conforme au but qu'on doit se proposer, si l'on y évite le langage mystérieux de la science, si l'on y traduit un mot par une phrase pour être entendu de tout le monde, si l'on n'y indique que des procédés simples et peu coûteux, si l'on parvient enfin à y parler si clairement, qu'on mette chaque propriétaire à portée de repousser les secours des charlatans.

Il est une partie d'Économie rurale trop négligée et qui réclame encore des Instructions à la suite de celles qui viennent d'être indiquées; c'est celle qui regarde les abeilles. Il est inconcevable que cette branche soit, en France, dans un pareil état de nullité, tandis qu'elle pourroit être pour nous une source de richesses. On ne sauroit donc trop insister sur les moyens de lui donner toute l'importance dont elle est susceptible, et d'extirper les pratiques vicieuses suivies par le petit nombre de Cultivateurs qui ne l'ont pas entièrement abandonnée.

On peut dire la même chose sur les produits des animaux qui sont, en général, mal soignés et d'une qualité inférieure à celle qu'ils pourroient avoir. Avant qu'on puisse répandre dans les différens Départemens, les procédés utiles employés dans quelques-uns pour faire valoir ces produits, il seroit avantageux de publier des Instructions générales qui y fussent relatives, telles que des Instructions sur le beurre, les fromages, etc. N'oublions point, sur-tout, les Instructions sur l'éducation des vers-à-soie et la culture des mûriers, qui sont inséparables.

Quoique celles que nous venons de désigner, soient déjà nombreuses, il en reste encore plusieurs dont la nécessité est également démontrée. N'est-il pas essentiel, en effet, d'en donner sur toutes les espèces de blés, sur tous les grains et toutes les plantes, cultivées pour la nourriture de l'homme, et de s'attacher à y démontrer que le moyen d'avoir peu de blé est de ne semer que du blé? Oublieroit-on aussi la vigne et le houblon? Passeroit-on sous silence l'olivier, le colsa, le lin, le chanvre, la garance, le tabac, etc. etc. et toutes les plantes économiques? Comment les forêts et les bois, dont la situation actuelle est si misérable, en général, n'attireroient-ils pas l'attention ?

Mais il en est deux sur-tout qui appellent la sollicitude des Administrateurs qui cherchent à assurer le bonheur des habitans des campagnes; ce sont celles qui seroient relatives aux plantes potagères et aux arbres fruitiers. Dans les deux tiers de la France, leur culture est abandonnée à la routine la plus aveugle et la plus défectueuse; le Cultivateur ne regarde que comme un accessoire peu intéressant, ce qui pourroit, en effet, contribuer à son aisance, en augmentant beaucoup la consommation et l'industrie; par-tout dans les campagnes, à peu d'exceptions près, dans chaque département, on ne recueille que de mauvais fruits et de mauvaises espèces de légumes dans des terrains et des expositions qui devroient en donner d'excellens. Il ne s'agit point de faire de chaque Cultivateur un Jardinier consommé, ce qui ne pourroit avoir lieu qu'au détriment de la grande culture; mais de leur donner des principes généraux qui les éclairent sur la manière de cultiver avantageusement les principales espèces.

L'ensemble de toutes ces Instructions seroit,

en effet, un cours d'Agriculture pratique qui formeroit la bibliothèque de chaque Cultivateur et le dispenseroit d'acheter des livres, presque toujours au-dessus de ses facultés pécuniaires et intellectuelles. Comme elles seroient publiées successivement, et aussi courtes qu'il seroit possible de les faire, il pourroit trouver le tems de les lire, et de les étudier, après en avoir entendu une première lecture dans les séances des Sociétés populaires, et elles fourniroient matière à des discussions intéressantes. Il seroit bon que ces Instructions fussent répandues en très-grand nombre.

C'est ainsi qu'on établiroit peu-à-peu les vérités reconnues qui sont la base de l'Économie rurale, et qu'on auroit le tems de préparer, d'une manière utile, les vérités secondaires et de localité qui leur succéderoient.

Qu'on ne croie pas que je regarde la publicité des Instructions qui viennent d'être indiquées, comme le seul moyen d'en assurer l'efficacité ; ce moyen seroit infiniment trop lent pour nos besoins, s'il n'étoit réuni à d'autres dont on trouvera le développement dans la troisième partie. Ces vues forment un ensemble qu'il ne faut point diviser pour le juger.

SECONDE PARTIE.

Il me semble que je n'ai omis aucune des vérités générales dont l'application suffiroit pour changer entièrement la face de l'Agriculture française; mais il en est une foule d'autres moins connues et qui sont cependant d'une grande importance. Telles sont celles qui seroient relatives aux chemins et canaux, aux usines de différentes espèces, aux marchés, aux débouchés de tout genre pour la vente et la circulation des denrées, aux cultures qui conviennent particulièrement à tel ou tel lieu, aux secours qu'elles peuvent recevoir par l'établissement des Fabriques et des Manufactures, aux meilleurs instrumens aratoires, selon la nature des cultures et du sol, à la Meûnerie, à la Boulangerie, etc. etc. Tous ces différens objets exigent des Instructions particulières; mais comme leur application ne sauroit être générale, et qu'elle dépend des circonstances et des localités, ou qu'on n'a pas les renseignemens indispensables pour ne rien omettre d'essentiel dans ces instructions, il est nécessaire de connoître ces circonstances et ces localités; il est nécessaire d'être instruit de ce qui existe avant de procéder au développement des principes secondaires de l'amélioration de l'Agriculture.

Pour y parvenir et éviter des améliorations partielles, souvent aussi nuisibles au bien général qu'elles semblent ou sont, en effet, avantageuses au local qui les éprouve, parce qu'elles sont mal combinées, parce qu'il faut toujours qu'un gouvernement qui veut réellement le bien, embrasse un grand ensemble dans toutes ses opérations et ne suive pas la méthode d'un propriétaire particulier, il n'existe qu'un moyen de ne pas se tromper; c'est celui de connoître le véritable état de la culture et de ses dépendances dans tous les points de la République.

Mais on ne peut se dissimuler la difficulté d'acquérir une connoissance exacte de ces détails importans; plus d'une fois on a tenté de se la procurer, et on a échoué. Nous avons très-peu de livres agronomiques qui offrent des renseignemens sur des cantons particuliers de la France, et la description économique de ses différentes contrées, est un ouvrage à faire. Les matériaux de cet ouvrage doivent être rassemblés avec soin, il faut aviser aux moyens de les multiplier; mais le choix de ces moyens n'est pas indifférent.

Le gouvernement seul, employant des agens

particuliers pour obtenir les renseignemens qu'il désire, est assuré de ne pas réussir. Quoiqu'il y ait une distance incommensurable entre le régime de la liberté et celui du despotisme, quoique la plupart des préjugés aient expiré avec ce dernier, il se passera peut-être encore long-tems avant que les habitans des campagnes soient complettement rassurés sur toutes les questions, sur tous les essais de ce genre, qui seroient faits par le Gouvernement. Vous ne parviendrez pas tout d'un coup à persuader au plus grand nombre, qui est trop peu éclairé pour sentir l'utilité d'une pareille opération, que ce n'est point un cadastre dont on s'occupe, pour augmenter la masse des impôts.

Mais, en supposant qu'on parvînt, en effet, à rassurer ces Cultivateurs, et à faciliter ainsi le travail des agens, ils ne pourroient donner qu'un travail inexact et incomplet. Ce n'est pas, pendant un séjour, je ne dirai pas seulement de quelques semaines, mais même de quelques mois, qu'un agent particulier, si éclairé qu'on le suppose d'ailleurs, pourra parfaitement connoître tout ce qu'il importe au Gouvernement de savoir. Le coup-d'œil ne suffit pas pour cette opération; il faut avoir vécu dans un pays pour en parler d'une manière satisfaisante, il faut connoître à fond les mœurs et l'esprit de ses habitans, l'étendue de leurs ressources et de leurs besoins, les localités qui leur donnent des droits à certaines exceptions ou qui exigent des mesures particulières, leurs relations habituelles, les moyens de les multiplier et de les rendre plus faciles, enfin une foule de détails qu'un voyageur n'acquiert point, et ces agens ne seroient que des voyageurs.

Admettons, si l'on veut, qu'ils pussent parvenir à satisfaire, sur tous les points, le désir du Gouvernement; on conviendra, du moins, que leur opération, pour être complette, seroit nécessairement fort longue, ou qu'il faudroit un nombre prodigieux d'agens. Dans les deux cas, quelle dépense pour le Gouvernement! On ne doit pas calculer, il est vrai, pour opérer un aussi grand bien, mais c'est lorsqu'il n'y a pas d'autres moyens de l'opérer.

D'ailleurs pense-t-on qu'il soit si facile de trouver une multitude d'agens également capables d'atteindre au but qu'on se propose? Mais lors même qu'il existeroit un assez grand nombre de personnes suffisamment instruites pour remplir cette mission, est-on bien assuré que quelques-unes, et beaucoup de ces places temporaires, ne seront pas accaparées par des intrigans, des charlatans, par cette espèce d'hommes sans cesse à l'affût des nouveautés, sans cesse en activité, qui obsèdent les Administrateurs et leurs bureaux, qui se cachent quelquefois derrière leurs entours, qui ont tous les goûts et toutes les connoissances, selon les occasions, et dont les menées peuvent perdre la chose publique, en même tems que leur ignorance paralysera les intentions bienfaisantes du Gouvernement?

La mesure d'envoyer d'abord des agens, pour obtenir le tableau exact de la situation actuelle de l'Agriculture française sur tous les points de la République, me paroît donc aussi impolitique, que nuisible au bien général. Elle sera, sans doute, conseillée par la plupart de ceux qui offriront des vues d'amélioration; elle sera présentée sous les dehors les plus séduisans; on ne manquera pas de bonnes raisons pour en persuader l'adoption, parce qu'on dira ce qui doit être, au lieu de dire ce qui est, parce que, dans l'hypothèse de ceux qui la conseilleront, on supposera du zèle et de la bonne volonté dans ceux qui seront interrogés, du zèle et des lumières dans ceux qui les interrogeront, parce que dans cette hypothèse, on aura soin de n'offrir que des masses d'observations qui ne doivent éprouver aucune difficulté, tandis que les difficultés gissent dans des détails et des nuances que les observateurs ne peuvent saisir en voyageant.

Mais il me semble qu'il existe un moyen simple, prompt et infiniment peu coûteux, par lequel le Gouvernement obtiendra, avant six mois, tous les renseignemens qu'il peut désirer sur la situation de notre Agriculture. Il ne s'agira que de former un plan général de questions à faire, qu'on adressera d'abord aux départemens, aux districts et aux chefs-lieux de cantons, en invitant les autorités constituées à y répondre dans un délai convenu. En même tems, ces questions seront envoyées aux Sociétés populaires, avec une instruction dans laquelle on expliquera quel est le but du gouvernement dans l'adoption de cette mesure, de quelle importance il est, pour le bien public, que tous les citoyens s'empressent de la seconder; on observera qu'elle peut placer la France au-dessus de toutes les nations qui existent et qui ont existé, en augmentant prodigieusement sa force et ses richesses, et composant le bonheur général du bonheur des individus; que, sous ce point-de-vue, un citoyen qui répondroit exactement aux questions qui sont faites, ne fût-ce que pour un canton ou pour une commune, auroit bien mérité de la patrie; que le nom de ceux qui satisferoient le mieux à toutes les questions pour l'étendue d'un district, seroit proclamé à la Convention et obtiendroit les honneurs de l'inscription au procès-verbal ; que parmi ceux-là même, on en choisira un par département, auquel il seroit accordé une récompense ; que tous les renseignemens donnés par les bons citoyens, devroient être envoyés directement à la Commission d'Agriculture.

D'un autre côté, chaque département et chaque district enverroient leurs réponses séparées pour tous les lieux de leur ressort, et, à l'époque fixée, on auroit déjà de quoi comparer les renseignemens obtenus, et de la part des autorités constituées, et de la part des citoyens. On pourroit ainsi faire une concordance de ces différentes observations, suppléer aux unes par les autres, les rectifier l'une par l'autre et former un tableau général pour chaque département; tableau qui seroit déjà très-précieux.

Alors le moment seroit venu d'employer des agens pour le perfectionner. Un seul suffiroit pour aller vérifier les données obtenues dans plusieurs départemens, et il n'est pas difficile de sentir avec quels avantages ils pourroient observer, étant instruits d'avance de ce qu'ils devroient examiner. Ils n'auroient plus que quelques additions à faire, quelques articles à étendre ou à développer, et cette besogne n'exige ni beaucoup de tems, ni beaucoup d'agens.

Je pense que cette méthode réunissant l'utilité

de toutes celles qu'on peut proposer et y joignant le très-grand avantage d'exciter l'émulation, est la seule de laquelle on puisse attendre la vérité complette. Mais il reste encore un point essentiel à décider; ce sont les questions à faire.

Il me semble qu'à cet égard il ne faut rien omettre pour être entendu par tout le monde, et qu'on doit attendre des renseignemens intéressans de nombre de cultivateurs qui n'ont pas l'habitude des livres. Ainsi multipliez plutôt les questions que de les rendre obscures en les faisant trop concises; employez le plus rarement que vous pourrez la technologie des livres, surtout quand il s'agira de culture proprement dite. Vous serez un peu moins gêné sur les parties physiques de ces questions, parce que vous ne devez point attendre que les Cultivateurs puissent y répondre d'une manière satisfaisante: mais, en général, popularisez le langage, si vous voulez populariser la chose. Evitez cependant une prolixité décourageante, en vous réduisant à ce qu'il est indispensable de savoir pour asseoir les plans d'amélioration, l'expérience et le tems vous apprendront le reste.

TROISIÈME PARTIE.

Les deux premières bases de l'amélioration, une fois établies, et même avant qu'elles le soient complettement, le Gouvernement doit s'attacher en même tems à déterminer, par tous les moyens possibles, cette impulsion vive et simultanée qui dirige tous les esprits vers le but qu'il se propose. Ce n'est qu'en faisant mouvoir à la fois tous les leviers de l'opinion publique; en réunissant l'instruction théorique à l'instruction pratique, en excitant l'émulation et éclairant l'intérêt, en récompensant le zèle et secourant l'impuissance d'agir, qu'il peut s'assurer du succès de ses mesures.

Un des premiers moyens, indiqués depuis longtems, pour préparer l'amélioration de l'Agriculture, est de la faire entrer comme partie essentielle dans l'Instruction publique. Mais on ne sauroit trop préciser cette idée, et lui donner l'étendue et la signification qu'elle doit avoir. Nul doute qu'il ne soit honteux pour des jeunes gens, qu'on prétend avoir bien élevés, de savoir l'histoire d'Alexandre et d'ignorer comment croît le blé dont ils se nourrissent, par quelle culture on obtient les fruits qu'ils recherchent avec tant d'avidité, et de distinguer à peine un chou d'une laitue. La plus légère réflexion suffit pour se convaincre que le premier pas à faire pour les instruire, est de les familiariser de bonne heure avec les objets qu'on veut leur faire connoître.

Pourquoi les écoles primaires ne seroient-elles pas ornées de représentations exactes, soit en peinture, soit en relief, des principales productions que l'on doit à la culture, des instrumens qu'elle exige, des animaux qui aident l'homme dans ses travaux ou qui l'enrichissent par leurs produits? Insensiblement l'œil des enfans s'exerceroit à les reconnoître, et ils distingueroient aussi aisément le blé et l'avoine, le maïs et les pommes-de-terre, la charrue et la brouette, que la rose et l'œillet, la tulipe et la renoncule. Ce seroit déjà avoir gagné, que d'avoir réussi dans ce premier essai. On y ajouteroit beaucoup par quelques définitions courtes et claires qui seroient à la portée du premier âge, et ne rempliroient que quelques pages d'un livre élémentaire particulier pour chacune des connoissances utiles dont on voudroit confier quelques idées à la mémoire des enfans.

On s'occuperoit ensuite de l'instruction nécessaire dans un âge plus avancé. On feroit alors un livre élémentaire particulièrement consacré à l'Agriculture, qui contiendroit non seulement les définitions, mais encore les principes généraux de la végétation et de la culture, et les principes particuliers pour chacune des productions qu'il est intéressant de cultiver. Cet ouvrage ne contiendroit, pour ainsi dire, qu'un texte que les maîtres auroient le soin de commenter, et n'exigeroit pas plus de 150 à 200 pages. On conçoit qu'un pareil ouvrage ne doit rien contenir de hasardé ni de purement systématique; il doit n'avoir d'autres bases que l'expérience et les faits les plus multipliés.

Un livre de ce genre, composé comme il doit l'être, suppose, il est vrai, des maîtres instruits, et il faut convenir qu'on en trouveroit trop peu, pour qu'on pût espérer d'en placer dans tous les lieux où ces élémens seroient jugés nécessaires. Il faut donc aviser aux moyens d'y suppléer, et il n'en existe pas d'autre que de préparer un livre élémentaire pour les maîtres, mais beaucoup plus étendu que le premier. Il ne s'agiroit que d'y insérer tout ce qui existeroit dans le livre destiné aux jeunes gens, dans le même ordre et avec les mêmes expressions, et d'y ajouter tout ce qu'on pourroit réunir en faits, en observations et en essais sur chacun des sujets qui y seroient traités. Il faudroit que ce livre élémentaire pour les maîtres, pût leur tenir lieu de tous les ouvrages agronomiques que souvent ils ne seroient pas dans le cas de se procurer, et où peut-être la plupart d'entre eux ne seroient pas en état de discerner ce qu'il est important de retenir. Deux volumes suffisent pour cet objet (1).

Cette méthode que j'applique ici à l'Agriculture, est applicable à toutes les connoissances qu'on n'a point fait entrer jusqu'à présent dans l'éducation de la jeunesse, et elle offre, à mon avis, le précieux avantage de multiplier les maîtres, en mettant toute personne instruite sur d'autres objets et munie d'intelligence, à portée de s'éclairer et de suivre la marche qui lui est indiquée.

On peut faire quelques objections contre ce projet, mais je pense qu'il est facile d'y répondre. La plus forte, à mon avis, c'est que toutes ces leçons ne sont que de la théorie, et qu'il n'y a point d'Agriculture sans pratique.

Personne n'est plus convaincu que moi de cette vérité que j'ai mille fois répetée; mais si on doit l'appliquer avec toute la rigueur possible, aux écrivains agronomes et ne faire aucun cas des

(1) J'ai commencé depuis long-tems (dès 1792) à rédiger ces deux livres élémentaires; le plan en est tracé, la plus grande partie des notions préliminaires est achevée pour chacun d'eux, et le premier très-avancé.

ouvrages

ouvrages qui ne sont que théoriques, il n'en est pas moins vrai que, sans une théorie saine, résultant d'une pratique reconnue, l'instruction est nulle ou impossible. D'ailleurs, quel est mon but en proposant des notions d'Agriculture, pour l'instruction du premier âge, et quelques principes de théorie pour celle de l'âge qui lui succède? De familiariser la mémoire et l'esprit des enfans et des jeunes gens avec des notions et des principes dont je suppose qu'ils seront tous plus ou moins à portée de faire l'application. Certainement en sortant des écoles, ils ne seront point Agriculteurs; mais cette éducation les aura préparés à recevoir les leçons pratiques qui leur seront nécessaires, et il n'est pas douteux qu'ils ne les reçoivent alors avec plus d'avantage que s'ils étoient étrangers aux notions qu'on leur aura données.

Il est d'autant plus important de faire usage de ce moyen de populariser l'Agriculture, qu'il contribuera infiniment à multiplier les exemples, genre d'instruction si nécessaire, sur-tout pour les habitans des campagnes. Les exemples sont presque les seules leçons qui leur conviennent. Qu'on les environne d'améliorations et d'innovations avantageuses, et bientôt ils amélioreront eux-mêmes leurs propriétés, parce qu'il est plus aisé de se faire entendre de leur intérêt que de leur raison, du moins quant à présent.

Il faut donc que les gens aisés et qui reçoivent une éducation plus libérale, il faut que ceux qui sont élevés dans les grandes Communes, soient préparés par des instructions, à donner l'exemple de la bonne culture dans leurs propriétés rurales, où le régime de la liberté les appellera. En effet, on ne peut pas se dissimuler que chaque citoyen français sera dorénavant cultivateur, ou formera le vœu de le devenir. C'est lorsque cette opinion ou plutôt ce désir, se sera complettement naturalisé parmi nous, qu'on pourra être assuré que la liberté est parfaitement consolidée.

Des citoyens éclairés par la théorie et par la pratique ont proposé des fermes expérimentales, comme un moyen assuré d'instruire par l'exemple. J'applaudis à leur zèle et je respecte leur opinion ; cependant il me paroît qu'il y auroit quelque danger à l'admettre sans l'avoir discutée sous tous ses points de vue, et je suis bien éloigné de me croire capable de cette discussion. Je me contenterai donc d'offrir à ce sujet quelques réflexions qui sont peut-être dignes d'être méditées.

Dans tous les établissemens qu'on forme pour le bien public, il faut toujours examiner le but qu'on se propose, et calculer si les moyens qu'on emploie sont d'accord avec l'expérience et la connoissance qu'on a du moral des hommes. Or, quel est le but qu'on se propose, en établissant des fermes expérimentales ? On veut prouver par l'expérience et sur-tout par des succès, que les cultivateurs voisins de la ferme ont tort de suivre telle ou telle routine, et qu'ils doivent s'attacher à la méthode qu'on leur met sous les yeux.

Voyons maintenant ce qui est arrivé à nombre de grands propriétaires qui ont donné à leurs voisins l'exemple d'une culture améliorée ou d'une nouvelle culture. Presque toujours ils ont manqué d'imitateurs, et leur exemple ne s'est propagé dans le canton que beaucoup d'années après qu'il a été donné.

D'un autre côté, l'exemple donné par un petit propriétaire a souvent eu des imitateurs, l'année d'après.

D'où vient cette différence? c'est qu'avant tout il faut persuader l'intérêt des cultivateurs; c'est qu'en voyant un homme riche, et qu'ils supposent quelquefois plus riche qu'il ne l'est en effet, se livrer à des innovations dans la culture, ils n'apperçoivent que la satisfaction d'une fantaisie qu'ils n'ont pas et qu'ils ne peuvent pas avoir; c'est qu'ils croient qu'en supposant même la chose utile, ils ne sont point assez riches pour la tenter; c'est qu'ils sentent que l'exiguité de leurs moyens et l'étendue de leurs besoins ne leur permettent pas de rien hasarder; c'est qu'enfin ils n'ont pas compté avec l'homme riche qui fait des essais.

Au contraire, ils connoissent parfaitement ce que peut et ne peut pas le petit propriétaire, leur voisin; ils vivent avec lui; ils savent tous les détails de son économie; ils n'ignorent pas le plus petit produit de son industrie; ils calculent que, comme eux, il ne peut rien donner au hasard, et ils en concluent que s'il s'est déterminé à adopter une méthode ou une culture, c'est qu'il étoit de son intérêt de l'adopter. Alors, tranquilles sur les résultats, ils ne craignent plus d'imiter.

Je demande maintenant si les fermes expérimentales qu'on propose, alimentées par le Gouvernement, ne seroient pas dans le cas des grands propriétaires? Il faudroit cependant, pour qu'elles fussent utiles, pour que leur exemple fût réellement imité, qu'elles pussent non seulement propager les méthodes et les cultures, mais encore rendre des comptes exacts et publics, propres à convaincre l'intérêt des cultivateurs voisins.

Mais malheureusement il n'est que trop vraisemblable que la dépense de ces fermes seroit au-dessus de leur recette, et alors le but seroit manqué. Si l'on vouloit que leur exemple fût utile, il faudroit ne pas y faire des essais hazardés et que le fermier se conduisît comme les fermiers particuliers. Ce seroit détruire une partie de leur utilité, puisqu'il seroit de leur essence d'être consacrées à des essais multipliés et qui sûrement ne seroient pas tous heureux. Cependant, il faut le répéter, n'attendez rien des exemples, tant qu'ils n'auront pas parlé à l'intérêt.

Je n'exclurois pas néanmoins les fermes expérimentales du nombre des moyens d'amélioration; mais j'en diminuerois prodigieusement le nombre et j'en restreindrois l'utilité. Il me semble que trois ou quatre fermes, placées au nord, au centre, au midi et dans les montagnes, suffiroient pour toute l'étendue de la République. Elles seroient destinées à toutes les expériences qui tendroient à la perfection de la culture; on s'attacheroit à y perfectionner les races des animaux domestiques; on y donneroit l'exemple de l'éducation des bêtes-à-laine, des abeilles; enfin, on pourroit en faire des dépôts de graines et d'animaux destinés à être propagés dans les contrées les plus voisines.

Un autre moyen d'améliorer, qui ne peut éprouver de contradiction, est la formation d'une collection complette de tous nos instrumens de labour et de jardinage. Il en est beaucoup d'imparfaits, même parmi les plus essentiels ; beaucoup aussi, dont l'usage est restreint à une petite étendue de pays, seroient excellens à employer dans des contrées où ils ne sont pas connus. La véritable manière de parvenir à perfectionner les uns et à propager les autres, est d'en former une collection générale qui seroit déposée dans une salle de la Commission d'Agriculture, en les classant par Départemens, en attachant à chaque instrument le nom vulgaire qui lui est donné et l'usage auquel on l'emploie. Les Autorités constituées seroient chargées de les procurer à la Commission, et il seroit infiniment utile que, dans chaque Département, il y eût une pareille collection de tous les instrumens du Département rangés par districts.

On pourroit réunir ensuite à la grande collection un autre assemblage, plus précieux encore, celui des instrumens dont on se sert chez l'étranger. L'Angleterre nous en fourniroit un grand nombre, mais il ne faudroit pas se borner à ceux des nations qui cultivent le mieux, et comprendre dans cette collection tous ceux qu'on pourroit se procurer de tous les pays du monde.

Par une suite de cette idée, je proposerois à la Commission d'Agriculture de faire traduire et publier annuellement un bon ouvrage étranger relatif à chacune des divisions dont elle sera composée. Ceux qui connoissent la richesse de quelques nations en bons ouvrages d'économie rurale, peuvent seuls apprécier l'efficacité de ce moyen d'instruction.

Mais il est tems d'en venir aux deux moyens les plus puissans pour multiplier les exemples. Nous ne pourrons découvrir le mode de leur exécution qu'en remontant aux principes.

Les connoissances et la bonne volonté ne suffisent point en Agriculture; il faut encore des avances pour faire des essais. Parmi ceux qui sont assez riches pour s'y livrer, on trouve quelquefois beaucoup de tiédeur et d'inertie, tandis qu'on rencontre souvent un zèle impuissant dans les Cultivateurs qui ne peuvent faire des avances. Il s'agit donc de stimuler les uns et d'aider les autres.

L'intérêt personnel est un mobile si actif, qu'on est toujours sûr du succès quand on l'emploie. Vous êtes donc assuré d'exciter l'émulation, quand vous saurez le faire agir. Les primes à accorder à ceux qui, dans un tems donné, auront amélioré telle ou telle branche d'économie dans leur département, sont donc un moyen qu'il ne faut pas négliger. Son utilité est si reconnue, que je n'entreprendrai point de la démontrer. Le seul travail important qu'on puisse faire sur cette matière, est de déterminer les primes, leur application et leur distribution; mais ces détails exigent une discussion trop approfondie, pour que je me permette de les présenter, dans une esquisse tracée avec tant de rapidité. Ce travail dépend d'ailleurs de la marche qu'on adoptera pour les améliorations.

Le second moyen, celui des secours à accorder aux Cultivateurs qui ne sont point à portée de faire des avances, exige que je m'y arrête un peu plus long-tems. Je le fais consister dans une caisse de prêt; mais il faut bien se garder de croire que celle que je propose, soit un de ces établissemens propres à perdre l'esprit public et à entretenir la manie perfide de l'agiotage. Toutes les fois qu'un pareil projet peut donner à la possession de l'argent un plus grand prix qu'à celle d'un morceau de terre; toutes les fois qu'une spéculation est si avantageuse, qu'elle doit produire un intérêt, je ne dis pas seulement supérieur, mais égal au revenu des biens-fonds, ce projet, cette spéculation ne sont point faits pour l'Agriculture. On doit les rejetter comme le germe des plus grands maux, comme la source de la corruption des mœurs, du luxe, de l'oisiveté et de l'égoïsme.

Mon plan est simple. Je désire que chaque Département ait annuellement une portion déterminée de revenus dont l'application ne pourra se faire qu'au bien de l'Agriculture. Une quotité déterminée de cette portion seroit employée à prêter aux propriétaires, des sommes destinées à améliorer leurs biens. Ce prêt ne se feroit que pour six années, à un intérêt très-modique, et seroit hypothéqué sur une portion de la propriété, d'une valeur équivalente à la somme prêtée, à l'époque de l'emprunt.

On pourroit rembourser l'emprunt, par portions égales, tous les ans ou tous les deux ans, de manière que le remboursement fût complet au bout de six ans, et que l'intérêt à payer, en remboursant, éprouvât une diminution proportionnée à la distance où l'on effectueroit la partie du remboursement, au terme de six années. Ainsi je suppose que le taux du prêt fût de trois pour cent pendant l'espace de six ans, on pourroit gagner un huitième de cet intérêt pour la portion qu'on acquitteroit au bout de deux ans, un septième au bout de trois, &c. On auroit ainsi l'avantage de donner un secours réel à un propriétaire et de l'intéresser à effectuer le remboursement du prêt le plutôt possible, et conséquemment à augmenter la masse des secours à distribuer, car les sommes, provenant de l'intérêt des prêts, devroient nécessairement augmenter la masse des secours à distribuer aux pauvres Cultivateurs.

On sent bien que, d'après ces principes, je ne pense pas qu'on puisse aliéner des fonds publics en prêt pour un tems considérable, comme on l'a proposé, pour cinquante ans, par exemple. Cela ne s'accorde ni avec le but qu'on doit se proposer, ni avec l'intérêt du grand nombre des propriétaires.

Mais comme il seroit possible que, dans le nombre de ceux qui emprunteroient, il se trouvât de mauvais économes ou des hommes négligens, qui ne sauroient pas profiter des secours qui leur auroient été accordés, ou qui se trouveroient hors d'état de payer à l'époque indiquée, je ne voudrois pas qu'on pût alors user rigoureusement avec eux des droits d'un créancier sur son débiteur : mais on pourroit trouver un moyen de les exciter à rembourser qui fût d'accord avec l'intérêt public et le leur. On pourroit, par exemple, au terme fixé, avertir juridiquement et sans frais, celui qui n'auroit pas rempli ses engagemens, que, si, au bout de trois mois, par exemple, il ne paie pas, l'intérêt, dont il est redevable avec le capital, augmentera d'un pour cent pour la première année en sus, y compris les trois mois, et deux pour cent pour la seconde et la troisième. Après neuf ans, on répéteroit la même sommation, en lui donnant le même terme pour s'acquitter, au bout duquel tems, s'il ne répondoit point, il seroit déclaré avoir perdu les droits de citoyen jusqu'au remboursement de la somme ou du moins des intérêts du capital dans la proportion indiquée. On ne pourroit enfin user des droits d'un créancier sur son débiteur, qu'au bout de douze années, et l'argent qui proviendroit des ventes forcées faites à cette époque, seroit donné au propriétaire, lorsqu'on auroit déduit, des sommes reçues, celles qui appartiendroient à la caisse d'Agriculture, pour le capital et les intérêts de ce qu'elle auroit prêté.

Je n'ai pas besoin de remarquer que les propriétaires que des malheurs imprévus et indépendans de leur conduite et de leur activité, mettroient dans l'impossibilité de payer à l'époque convenue, feroient exception, et que, dans ces cas particuliers, qui ne seroient pas fort nombreux, on prendroit le parti indiqué par les circonstances.

Il reste encore une portion de la somme que je suppose déterminée, dans chaque département, pour l'avantage de l'Agriculture. Je la destine aux encouragemens à donner aux cultivateurs, et aux secours que l'humanité réclame dans les malheurs publics, tels que dans des épizooties, des orages destructeurs, des incendies, &c.

Mais comme cette somme, quelque considérable qu'elle fût, ne pourroit suffire à une multitude de maux particuliers, dont le remède doit être prompt et applicable au moment même, je voudrois qu'on établît dans chaque commune de la campagne, une caisse de prêt d'une espèce particulière, et qui doit avoir pour bases les principes de la morale, l'humanité la plus épurée, la fraternité républicaine, la loyauté et l'émulation du bien.

Il faut en donner l'idée aux habitans des campagnes, et quand ils l'auront bien conçue, la leur laisser exécuter à leur guise, parce qu'il est important qu'ils la regardent comme une association volontaire pour opérer le bien général.

Tout cultivateur et citoyen des campagnes peut y avoir part. Cette espèce de caisse de prêt seroit composée d'un magasin placé dans un bâtiment choisi par la commune, où chaque cultivateur déposeroit telle quantité de blé ou autres grains qu'il jugeroit à propos, et d'une caisse destinée à recevoir les sommes, grandes ou petites, que chaque citoyen y verseroit pour un tems marqué.

Le magasin serviroit à donner des secours en

nature aux laboureurs que des accidens priveroient d'une partie essentielle de leurs récoltes, qui voudroient se procurer de quoi ensemencer leurs champs. Ils s'engageroient à rendre, dans la même nature, la quantité de grains qui leur seroit prêtée, augmentée d'une légère portion qui représenteroit l'intérêt, et même sans augmentation, quand leur pauvreté seroit reconnue. Ce magasin seroit également ouvert aux veuves et aux pauvres de la commune, en fournissant à ceux qui seroient valides, les moyens d'acquitter cette dette par des services dont on les jugeroit capables.

La caisse proprement dite seroit employée aux mêmes fins. Un laboureur pauvre auroit besoin d'acheter une vache ou une bête de somme pour lui faciliter les moyens de vivre ou de cultiver le peu qu'il a; il seroit assuré de trouver dans cette caisse les secours dont il auroit besoin, sans intérêt pour la première année, et avec l'intérêt modique d'un ou un et demi pour cent, la seconde, qu'il seroit libre de payer en nature ou en denrées au prix du marché.

Il faudroit fixer le *maximum* de la somme qu'on pourroit emprunter, tenir un registre exact et pour le magasin et pour la caisse : il faudroit que ce fût un honneur d'avoir la garde de l'un et de l'autre; qu'il fût également honorable de voir son nom parmi ceux des associés de cet établissement philanthropique, et que, tous les jours de décadi, ces noms fussent publiés avec la plus grande solemnité.

On voit que l'intérêt et les calculs ne formeroient pas la base de cet établissement, bien préférable à toutes les confréries qu'un fanatisme charlatan avoit fait imaginer. Pour le soutien de celle-ci, il n'est besoin que de donner l'émulation du bien, et où cette précieuse émulation germeroit-elle avec plus de succès, que dans une République fondée sur la fraternité et l'égalité ?

ESSAI

D'UN PLAN GÉNÉRAL

DE QUESTIONS A FAIRE

Sur la situation actuelle de l'Agriculture en France.

J'avois d'abord résolu de ne pas présenter cet essai que je regarde comme incomplet à beaucoup d'égards. L'art de faire des questions, et des questions assez claires pour être entendues de tout le monde, assez précises pour obtenir exactement le résultat que l'on desire, assez étendues pour que rien d'essentiel ne soit omis, sans cependant trop les multiplier, est un art plus difficile qu'on ne pense communément. Peut-être même seroit-il raisonnable de dire, qu'un pareil plan de questions doit naître des méditations de plusieurs personnes éclairées sur les différentes parties de l'Agriculture. Aussi ne me suis-je déterminé à joindre cet essai à mon mémoire, que pour donner une idée de l'immensité et de l'importance de cette entreprise. Puisse-t-il, d'ailleurs, être utile par quelques apperçus, et j'aurai atteint le but que je me suis proposé.

La culture des plantes et l'éducation des animaux

utiles sont les deux grandes divisions que j'ai adoptées.

Les questions à faire sur leurs subdivisions, m'ont semblé devoir être précédées de questions préliminaires dont les réponses doivent nécessairement influer sur ce qu'on doit penser de toutes les autres, ou sur les idées d'amélioration qu'elles peuvent donner.

Ces questions préliminaires sont relatives au climat et aux habitans.

De-là, je passe à la nature et à la préparation des terres, à la culture des blés, des plantes à fourrages, des plantes potagères, des arbres fruitiers, des arbres forestiers et des plantes économiques; ce qui forme toutes les subdivisions principales de la première partie. J'y ajoute, en forme d'appendix ou supplément, les préparations économiques et l'emploi des produits, ce qui comprend les moulins, fabriques, manufactures, etc. et les bâtimens ruraux.

L'éducation de chaque animal utile donne naturellement la division de la seconde partie. Ainsi les questions portent sur les chevaux, les ânes et mulets, les bêtes-à-cornes, les bêtes-à-laine, les chèvres, les cochons, les oiseaux de basse-cour, les abeilles, les vers-à-soie et les poissons. La chasse m'a paru devoir être le supplément de cette seconde partie.

On pourra se convaincre, en jettant un coup-d'œil sur le développement de ces différentes subdivisions, qu'elles comprennent, sans exception, toutes les branches de l'économie rurale.

QUESTIONS

QUESTIONS PRÉLIMINAIRES.

1.

CLIMAT. EXPOSITION.

Quelle est la situation du lieu ? Quelle est son exposition ?

Quelles sont ses bornes ?

Quel est le climat ? Quelle est la température, chaude, froide ou tempérée, humide, sèche ou variable ?

Quels sont les vents qui y dominent ?

Y a-t-il des abris naturels ?

Y a-t-il des montagnes ? Quelle est leur situation et leur élévation ?

Par quelles rivières est-il arrosé et quel est leur cours ?

Sont-elles navigables ? Servent-elles à la flottaison ?

Y a-t-il d'autres eaux, et quelle est leur étendue ?

Quels y sont les minéraux les plus abondans ?

Sont-ils utiles au pays, et en quoi ?

2.

HABITANS.

Quel est le nombre des habitans ?

Dans quelle proportion sont les vieillards, les femmes et les enfans avec le reste de la population ?

Quel est l'état ordinaire de la santé des habitans ?

Quelle est leur longévité ?

Quelles sont leurs mœurs ?

Quelles sont les différentes branches de leur industrie ?

Combien, par apperçu, y a-t-il de Cultivateurs ?

Combien de Manufacturiers ?

Combien d'Artisans ?

Y a-t-il un genre d'industrie qui domine ?

Quels sont les hommes les plus distingués dans chaque genre de culture, de commerce ou d'industrie ?

Les communes de la campagne ont-elles, chacune, les ouvriers qui leur sont nécessaires, tels que boulangers, maréchaux, charrons, taillandiers, cordonniers, etc. ?

Y a-t-il quelque établissement favorable à l'Agriculture ?

Quels sont les principaux marchés ? Quel est leur approvisionnement, et d'où afflue-t-il ?

PREMIERE PARTIE.

CULTURE DES PLANTES.

1.

Nature, étendue et prix des terres cultivées.

Quelle est, en général, la nature du sol ?

Laquelle des quatre principales espèces de terre, (terre franche, calcaire, argilleuse et sablonneuse) y est la plus abondante ?

Dans quelle proportion les unes et les autres sont-elles mélangées ?

Ont-elles du fond ?

Que trouve-t-on au-dessous ?

Quelles sont celles qui sont en plaine ?

Quelles sont celles qui sont sur les hauteurs ?

Quelles sont celles qui avoisinent la mer, les rivières, les canaux, les étangs, les bois ?

Sont-elles toutes employées utilement ?

Y a-t-il des friches ? Quelle en est l'étendue et la qualité ? Quelle en est la situation et l'exposition ?

Combien, en totalité, y a-t-il d'arpens de terres cultivées ?

Quelles sont les productions ordinaires de ces terres, et dans quelle proportion sont-elles cultivées ? c'est-à-dire, combien y a-t-il d'arpens consacrés à telle culture, combien à tel autre, etc. ?

Quelles sont les mesures dont on se sert pour les terres, et quelle est leur relation à l'arpent de Paris ?

Combien s'achète ou se loue l'arpent*(ou la mesure du pays réduite à l'arpent de Paris) de terre cultivée, bonne, médiocre ou mauvaise ? Combien l'arpent de telle production ou de telle autre ?

Y a-t-il beaucoup de fermes, et de quelle nature ?

Les propriétés sont-elles très-divisées ?

Y a-t-il des communaux ? Quelle est leur étendue et leur usage ?

Les clôtures sont-elles usitées dans le pays ? De quelle nature y sont-elles ?

Quelle est, en général, la manière d'y former des haies vives ?

Les productions du pays lui sont-elles suffisantes pour sa consommation ? Exporte-t-on celles qui sont superflues ? Font-elles un objet de commerce lucratif ?

Le commerce est-il facile ? Quels sont les obstacles à lever pour l'améliorer ?

2.

Préparation des terres.

Engrais.

Quels sont les engrais que l'on emploie ?

Le mélange des différentes espèces de terre y est-il en usage ?

Le marnage y est-il usité ?

Comment marne-t-on, et à quelle époque ?

De quelle nature est la marne employée ?

Se sert-on de quelque engrais minéral particulier, comme de cendres de houille, de plâtre, de craie, de coquillages, etc. ? Sur quelles terres et dans quelle proportion ?

Les engrais verds sont-ils en usage ; c'est-à-dire, sème-t-on quelquefois des plantes pour les enfouir avant leur maturité, afin d'améliorer le terrein ?

Y a-t-il d'autres engrais végétaux ?

Comment prépare-t-on les fumiers ?

Comment les applique-t-on aux terres, et en quelle quantité ?

Labours.

En quel temps fait-on ordinairement les labours pour les différentes productions ?

A quelle profondeur se font-ils, eu égard à la production et à la nature du sol ?

Combien en fait-on, par année, pour chacune des espèces de productions ?

Donne-t-on des noms particuliers à chacun de ces labours ?

Avec quels animaux laboure-t-on, et combien en faut-il pour une charrue ?

Quelle quantité de terrein une charrue laboure-t-elle dans un jour ?

Quelle quantité de terrein laboure-t-on, par année, pour les grains ?

Quelle est, en totalité, l'étendue des terres labourables ?

Quel est l'assolement usité ?

Y a-t-il beaucoup de Cultivateurs qui s'en écartent ?

Est-on dans l'usage de laisser annuellement une partie des terres en jachères, c'est-à-dire, en repos ?

Quelle est l'étendue des jachères ?

Défrichemens et dessèchemens.

Y a-t-il eu des défrichemens dans le pays ?

Y en reste-t-il à faire ?

Quelle est la nature, l'étendue, la situation et le produit de ceux qui ont été faits ?

Remplacent-ils des bois ? Sont-ils dans la plaine ? Sont-ils sur une montagne, et à quelle hauteur ?

Quels sont ceux qui restent à faire ? Quelle est leur étendue et leur situation ?

Quelle est la méthode de défricher, et quelles sont les premières productions que l'on confie aux défrichis ?

Y a-t-il eu des dessèchemens ?

Y en a-t-il encore à faire ?

Quels sont la nature, l'étendue, la situation et le produit de ceux qui ont été faits ?

Quelles sont la nature, l'étendue et la situation de ceux qui restent à faire ?

Y a-t-il des moyens simples et naturels de les opérer ?

Quelqu'un dans le pays s'est-il distingué par des entreprises de ce genre, et quels ont été ses succès?

Instrumens de culture.

Quelle est la construction de la charrue ordinaire, et quelles sont ses dimensions?

En emploie-t-on de plusieurs espèces? Dans quels cas et pour quels terreins?

Combien d'hommes et d'animaux exigent-elles?

Quelle est la construction des jougs?

Quelles sont les espèces de herses en usage? Leurs dimensions?

Emploie-t-on le rouleau? Quelle est la dimension et la construction de celui ou de ceux que l'on emploie?

Quelles sont les différentes espèces de bèches, hoyaux, binettes, etc.?

Les pioches de tout genre;

Les faulx et faucilles;

Les serpes et serpettes;

Les coignées et haches;

Les vans;

Les cribles;

Les paniers et hottes;

Les pressoirs;

Les cuves;

Les brouettes;

Les civières;

Les tombereaux;

Les charriots et charrettes?

Y a-t-il d'autres instrumens de labour et de jardinage? Quels sont-ils?

3.

Culture des blés.

Cultive-t-on le blé-froment, et dans quelle proportion avec les autres grains ?

En connoît-on plusieurs variétés, et quels noms leur donne-t-on ?

Choisit-on le froment destiné à la semence ?

Se sert-on du froment du canton, ou préfère-t-on celui d'un autre ?

La semence que l'on emploie est-elle de l'année ou des précédentes ?

Dans quel temps sème-t-on ?

Est-on dans l'usage de préparer la semence avant de la confier à la terre ? Quelle est la préparation usitée, et dans quelle proportion l'emploie-t-on, relativement à la quantité du blé ?

Comment sème-t-on ?

Quelle quantité de grain répand-on par mesure du pays rapportée à l'arpent de Paris ?

Quels soins donne-t-on au froment, quand il est sur pied ? Le sarcle-t-on ?

Quel est son produit, suivant la nature des terres ?

Dans quel temps se fait ordinairement la récolte ?

Emploie-t-on la faucille ou la faulx, ou tout autre instrument pour la faire ?

Les habitans du pays font-ils les récoltes, ou sont-ils obligés d'employer des moissonneurs d'autres cantons ?

D'où viennent ces moissonneurs, et quelle est la manière de les payer ?

Laisse-t-on beaucoup de chaume et de quelle hauteur est-il communément ?

Quel usage en fait-on ?

Comment la récolte est-elle javelée, et quels sont les liens dont on se sert pour l'engerber ?

Engrange-t-on les gerbes, ou en fait-on des meules ?

Quelle est la construction et quel est l'emplacement de ces meules ?

Bat-on le froment, après qu'il est totalement engrangé, ou ne le bat-on qu'au besoin ?

Quelle est la manière de battre ?

Quelle est la forme, la longueur et la construction des fléaux ?

Quels bois emploie-t-on pour les construire ?

Comment l'endroit destiné à battre le blé est-il préparé ?

Nettoie-t-on le froment avant de le serrer dans les greniers ?

De quels instrumens se sert-on pour le nettoyer ?

Comment le conserve-t-on dans les greniers ? Est-ce en sacs, ou en tas ?

Quels soins lui donne-t-on pour le conserver ?

Dans quels marchés se vend-il principalement ?

Quel est son prix moyen, sur dix ans ?

Quelles sont les maladies auxquelles il est sujet ?

Ces maladies sont-elles fréquentes ?

Affectent-elles particulièrement les blés de certains cantons et ceux qui sont à la même exposition ?

Quels moyens emploie-t-on pour les prévenir ou pour y remédier ?

Les blés sont-ils sujets à être endommagés par les météores, c'est-à-dire, la gelée, la grêle, les vents, les brouillards, la pluie, la sécheresse, les inondations? Ces accidens sont-ils fréquens?

Y a-t-il ordinairement des animaux et des insectes qui leur nuisent, soit lorsqu'ils sont sur pied, soit lorsqu'ils sont dans les granges ou les greniers?

Nota. La plupart des questions précédentes étant applicables aux grains suivans, je me dispense de les répéter ici pour chacun d'eux : mais il est facile au lecteur d'y suppléer.

L'épeautre.

Le froment rouge.

Le seigle.

L'orge.

L'avoine.

Le millet.

Le sorgho ou millet d'Afrique.

Le maïs

Et le sarrasin.

Est-on dans l'usage de couper et faire manger en verd quelques-uns de ces grains, et quelle quantité?

4.

Culture des plantes à fourrages.

Y a-t-il des prairies naturelles, et quelle est leur étendue?

Quelle est leur situation?

De quelles plantes sont-elles composées?

La pratique de l'arrosement ou irrigation, est-elle usitée, et de quelle manière?

Y a-t-il plusieurs coupes?

A quelle époque fauche-t-on?

Comment se pratique le fanage et le bottelage?

Quelle est la forme et la construction des meules ?

Quel est le produit moyen d'un arpent de prairies naturelles, tant par rapport à la quantité du foin, que relativement au prix que la vente procure ?

Les prairies artificielles sont-elles connues ?

Quelle est leur étendue, leur situation, et sur quel sol ?

Combien durent-elles ?

Par quoi les remplace-t-on ?

Cultive-t-on

Le trèfle ? Quelle est l'espèce, ou quelles sont les espèces que l'on cultive ?

La luzerne ? Connoît-on la luzerne de Suède (*medicago falcata*), et la lupuline ou minette dorée (*medicago lupulina*) ?

L'esparcette ou sainfoin ? En a-t-on plusieurs espèces ?

Cultive-t-on les vesces, et quelles espèces ?

Les gesses, et quelles espèces ?

La grande pimprenelle ?

Cultive-t-on en grand, pour fourrages, les différentes espèces de choux, de betteraves, de turneps ou navets, de carottes, de pommes-de-terre, etc., et dans quelle proportion ?

Dans quelle proportion sont les prairies naturelles ou artificielles et les terres labourables ?

5.

Culture des plantes potagères.

Y a-t-il beaucoup de jardins potagers ?

Chaque cultivateur est-il dans l'usage d'en avoir un, ou n'en trouve-t-on que chez quelques particuliers?

Comment ces jardins sont-ils entourés ? Est-ce par des haies vives, des fossés, des haies mortes, des murs de torchis ou des pierres ?

Quels sont les instrumens de jardinage dont tous les cultivateurs qui ont des jardins, font usage ?

Ne cultivent-ils des plantes potagères que pour leur propre consommation ?

En recueillent-ils assez, pour que ce soit un objet de commerce utile, et quel est leur débouché ?

Ont-ils soin de bien choisir leurs semences, ou prennent-ils indifféremment celles que le hasard leur présente ?

Sèment-ils quelquefois sur couches, et de quelle manière composent-ils leurs couches ?

Quelles sont les espèces de plantes potagères qu'ils cultivent pour leurs feuilles et leur tige, telles que les choux ?

Cultivent-ils des racines, et quelles ? Des carottes, des navets, des raiponces, des salsifis, etc. ?

Des plantes tubéreuses, telles que les pommes-de-terre, les topinambours, etc. ?

Des plantes bulbeuses, telles que l'ail, l'échalotte, le poireau, etc. ?

Des plantes dont les feuilles se mangent sans être cuites ; les laitues, les chicorées, etc. ?

Des plantes légumineuses, les haricots, les fèves, les pois, les vesces, les lentilles, etc. ?

Des plantes cucurbitacées, les citrouilles, les concombres, les melons, etc. ?

Des asperges ?

Des artichauds ?

Des cardons ?

Des fraises ?

Des plantes à assaisonnement, le cerfeuil, l'anis, la moutarde, la coriandre, le fenouil, le carvi, l'estragon, l'absinthe, la mélisse, la menthe, la pimprenelle, etc. ?

Y a-t-il quelques-unes de toutes les plantes précédentes, qu'ils cultivent en grand, hors de leurs jardins ?

Quelles sont exactement les espèces ou variétés de chacune de celles qu'ils cultivent, soit dans leurs jardins, soit hors de leurs jardins ?

Quels sont les noms qu'on leur donne dans le pays?

Y a-t-il quelques particuliers qui cultivent des fleurs, et quelles sont-elles ?

Y en a-t-il qui ramassent des plantes officinales?

6.

Culture des arbres fruitiers.

Cultive-t-on beaucoup d'arbres fruitiers?

Leur produit ne sert-il qu'à la consommation du cultivateur, ou fait-il un objet de commerce?

Le pays est-il renommé pour quelque fruit particulier ? Quel est ce fruit ? Dans quelle quantité le vend-on, et à quel prix ?

Y a-t-il des pépinières ?

Connoît-on bien les principes de la greffe et de la taille?

Y a-t-il, dans le pays, quelque cultivateur qui se distingue par sa manière de greffer et de tailler ?

Parmi les fruits à pepins, quelles sont les espèces cultivées ?

De poires ;

De pommes ;

De coings ?

Quels sont les fruits à noyaux, particulièrement cultivés ?

Les cerises ;

Les prunes ;

Les abricots ;

Les pêches ?

Y a-t-il des amandiers dans le pays, et de quelle espèce ?

Des noyers ;

Des noisettes ;

Des chataigners ;

Des néfliers ;

Y cultive-t-on

Des mûriers ?

Des groseilles ?

Des raisins ?

Quelles sont les espèces de raisins connues et cultivées ?

Outre celles qu'on a dans les jardins, y a-t-il des vignes dans le pays, et quelle est leur étendue ?

Quelle est leur exposition la plus générale ?

Quel est leur sol ?

Combien se vend ou se loue l'arpent de vignes ?

Combien se vendent les vins qui en proviennent, d'après leur qualité ? A quelles mesures, en rapprochant ces mesures de la pinte de Paris ?

S'en consomme-t-il beaucoup dans le pays ?

Combien s'en exporte-t-il, et de quelle manière ?

Quelle est la culture ordinaire de la vigne ?

Quelle est la méthode la plus répandue de faire le vin ?

Se conserve-t-il long-tems, et quelle qualité acquiert-il quand on le garde ?

Les futailles, tonneaux, pipes ou barriques sont-ils fabriqués dans le pays, ou les fait-on venir d'ailleurs ?

Fait-on sécher quelques-uns des fruits du pays ? Est-ce pour le pays une branche de commerce ?

7.

Arbres forestiers.

Y a-t-il des forêts ou des bois dans le pays ?

Quelle est leur étendue ?

Quelles sont les principales essences qui y dominent ?

Trouve-t-on beaucoup de futaies ?

Quel est l'aménagement des bois ou forêts ?

Leur produit est-il considérable ?

Quels sont les débouchés pour ce produit ?

Quels sont les abus reconnus dans leur exploitation, leur conservation ou leur vente ?

(*Nota*. Ces questions ne doivent être considérées que comme le germe de celles qu'on peut faire sur cette partie intéressante, et qui est, pour ainsi dire, entièrement nouvelle pour nous. Elles ont besoin d'être augmentées et développées, si l'on veut atteindre le but qu'on se propose en les faisant. Mais, encore une fois, cet essai n'est qu'une légère esquisse de ce qu'on doit demander pour bien connoître la situation de l'Agriculture française).

Trouve-t-on dans les bois ou forêts

Des chênes ;

Des hêtres ;

Des frênes ;
Des ormes ;
Des bouleaux ;
Des érables ;
Des peupliers ;
Des tilleuls ;
Des saules ;
Des pins ;
Des ifs ;
Des buis, etc. ?

Indiquer les variétés qui se trouvent dans le pays.

Fait-on du tan ?
Du merrain ?
Du charbon ?
De la résine ?

8.

Culture des plantes économiques.

Cultive-t-on, dans le pays, beaucoup de plantes propres aux arts, fabriques et manufactures ?

Dans quel état y est la culture du chanvre ?
Celle du lin ?

Quels en sont les produits ?

Quelle quantité en exporte-t-on ?

Connoît-on le lin de Sibérie ?

Cultive-t-on la navette et le colsat ?

Quelle étendue ont ces cultures ?

Quel est leur produit ?

Comment en extrait-on l'huile, et quel est son débouché ?

La culture du pavot blanc ou œillette est-elle entièrement négligée ?

Cultive-t-on le tabac ? Quelle espèce, et dans quelle proportion ?

Le consomme-t-on dans le pays ? En exporte-t-on, et en quelle quantité ? Est-il manufacturé ?

Le houblon est-il cultivé ? Dans quelle proportion ? Quel est son produit ?

Y a-t-il quelque cultivateur qui suive la culture de la garance ;

De la gaude ;

Du safran ;

Du safran batard ou carthame ;

De la réglisse ;

De l'angélique ;

De la rhubarbe ;

Du chardon-à-foulon ?

Quelle est l'étendue, et quel est le produit de ces différentes cultures ?

APPENDIX.

1.

Emploi des produits.

Quelle est la manière usitée dans le pays, de faire le poiré, le cidre ou la bière, et quelle quantité en fabrique-t-on ?

Y fabrique-t-on des eaux-de-vie ? Combien y a-t-il de brûleries ? Quel est leur produit ?

Quelles sont les huiles qu'on y fait, et quelle quantité ?

Comment y prépare-t-on le beurre frais et salé ?

Quelles sont les différentes espèces de fromages qu'on y fait, et par quels procédés ?

Y a-t-il des filatures, des fabriques de toiles ou de draps ?

Les

Les tanneries y sont-elles multipliées ?

Y a-t-il des verreries ?

Y a-t-il des forges, et combien ?

Les moulins y sont-ils nombreux ? Quel est leur emploi ? Quelle est leur construction ? Leur produit ?

Quelle est la méthode ordinaire adoptée pour la mouture ?

Quelles sont les autres espèces d'usines ?

2.

BATIMENS RURAUX.

Quelle est la construction et la distribution ordinaire des fermes ;

Des celliers ;

Des écuries ou étables ;

Des fours ;

Du fruitier ;

De la laiterie ;

Des greniers ;

Des hangars ;

Du colombier ;

De la basse-cour ?

SECONDE PARTIE.

ÉDUCATION DES ANIMAUX UTILES.

1.

Chevaux.

De quelle espèce sont les chevaux ?

Cette espèce dégénère-t-elle, ou a-t-on cherché à l'améliorer ?

Les chevaux sont-ils forts ? Quelle est leur taille ordinaire ?

Servent-ils au labourage, de préférence aux bœufs?

Les emploie-t-on au transport des denrées et marchandises ?

Sont-ils un objet de commerce ?

Sont-ils assez nombreux pour les travaux de l'agriculture ?

Conserve-t-on des étalons, et combien?

Combien de jumens poulinières ?

Quels soins leur donne-t-on ?

A quel âge fait-on travailler les chevaux, et les rend-on inhabiles à la propagation?

Quelle est la nourriture qu'on leur donne dans les différentes saisons, et en quelle quantité ?

Est-on dans l'usage de les mettre au verd ? Quand, et combien de tems ?

Y a-t-il des maréchaux instruits dans le canton ?

Quels sont les harnois des chevaux pour les différens travaux auxquels on les emploie ?

2.

Anes.

A-t-on des étalons, et est-on dans l'usage de faire des élèves ?

A quel âge fait-on travailler les ânons, et les rend-on inhabiles à la propagation ?

De quelle utilité sont les ânes dans le pays?

A quels travaux les emploie-t-on, et comment les nourrit-on ?

Quelle est leur espèce et leur taille ?

Quel est leur nombre ?

3.

Mulets.

Élève-t-on des mulets dans le pays ?

Proviennent-ils de l'accouplement des chevaux avec des ânesses, ou des jumens avec des ânes?

Quels soins donne-t-on aux jeunes mulets?

A quels usages emploie-t-on les mulets, et quelle est leur nourriture ordinaire?

Font-ils un objet de commerce?

4.

Taureaux, bœufs, vaches et veaux.

Conserve-t-on des taureaux dans le canton, et quel en est le nombre?

Quelle en est l'espèce?

Croise-t-on les races?

Quelle est l'espèce de bœufs qu'on élève?

De quel poids sont les plus forts et les plus petits?

Quelles sont leurs qualités pour le travail, et à quel âge commence-t-on à les faire travailler?

Servent-ils aux labours et aux charrois?

En engraisse-t-on, et de quelle manière?

En fait-on un commerce?

Quelle est la ration ordinaire des bœufs, lorsqu'ils travaillent beaucoup, peu ou point?

Se trouve-t-il des personnes assez instruites dans le canton, pour les traiter lorsqu'ils sont malades?

Élève-t-on des vaches?

Les fait-on porter tous les ans?

A quel âge les conduit-on au taureau?

A quel âge cesse-t-on de les y conduire?

Quels soins leur donne-t-on, quand elles sont pleines?

Quels avantages, en général, retire-t-on des vaches dans le canton?

Les fait-on travailler?

Quelles sont celles dont on retire le plus de lait?

Est-il un objet de commerce ?

Le convertit-on, à cet effet, en beurre ou en fromage ?

Quel est le nombre de vaches que l'on nourrit ?

Quelle nourriture leur donne-t-on ordinairement dans chaque saison ?

Les laisse-t-on dans les étables, ou les mène-t-on aux champs, et dans quel tems ?

De quelle nature sont les pâturages ?

Quels soins donne-t-on aux veaux, depuis le moment de leur naissance ?

A quel âge les sèvre-t-on ?

A quel âge les rend-on inhabiles à la production ?

Sont-ils un objet de commerce pour le pays ?

5.

Bêtes-à-laine.

Elève-t-on des bêtes-à-laine dans le canton, et en quelle quantité ?

Cette quantité est-elle proportionnée aux terres que l'on exploite ?

De quelle espèce sont les bêtes-à-laine du pays ?

Y en voit-on de plusieurs espèces ?

Emploie-t-on le croisement des races, comme moyen d'amélioration ?

Combien donne-t-on de brebis à un bélier ?

A quel âge livre-t-on les brebis au bélier ?

Quels soins leur donne-t-on après l'accouplement ?

Est-on dans l'usage de les traire, dans quelle circonstance et pour quel usage ?

Comment soigne-t-on les agneaux jusqu'à ce qu'ils soient sevrés ? A quel âge et comment les sèvre-t-on ?

Quelle nourriture leur donne-t-on ensuite ?

A quel âge les rend-on inhabiles à la reproduction ?

Quelle nourriture donne-t-on aux moutons dans les différentes saisons ?

Les conduit-on aux pâturages, et quels sont ces pâturages ?

Fait-on parquer les bêtes-à-laine, quand, pendant combien de temps et de quelle manière ?

A quelle époque est ordinairement fixée la tonte ?

Lave-t-on les toisons sur le corps des bêtes-à-laine, ou ne lave-t-on la laine qu'après la tonte ?

Est-on dans l'usage de tondre les agneaux ?

Quelle est la qualité des laines, courtes ou longues, fines ou grosses, douces ou rudes, fortes ou foibles, nerveuses ou molles ?

Sont-elles un objet de commerce ? Combien en vend-on ? Quel en est le prix moyen ? Quels sont les débouchés ?

Les bergers sont-ils suffisamment instruits ? Quels sont ceux qui se distinguent par leurs soins et leur intelligence ?

6.

Boucs et chèvres.

Élève-t-on des boucs et des chèvres ?

Quelle en est l'espèce et la taille ?

Quels soins leur donne-t-on ?

A quel âge sèvre-t-on les chevreaux et les rend-on inhabiles à la reproduction ?

Quelle est leur nourriture ordinaire ?

Fait-on usage du lait de chèvre, et quel est cet usage ?

Les boucs, chèvres et chevreaux, sont-ils un objet de commerce ?

7.

Cochons.

Quelle est l'espèce et la taille des cochons que l'on nourrit ?

Quels soins donne-t-on à la truie lorsqu'elle est pleine ?

Porte-t-elle plusieurs fois l'année ?

Quelle est la manière usitée pour nourrir les cochons et les engraisser ?

En élève-t-on une grande quantité ?

Sont-ils un objet de commerce ?

8.

Oiseaux de basse-cour.

Quelle est l'espèce de poules la plus répandue ?

Y en a-t-il plusieurs espèces ?

Elève-t-on une grande quantité de poulets ?

Sont-ils un objet de commerce?

Fait-on et engraisse-t-on des chapons ? comment ? Où les vend-on ?

Les œufs sont-ils un objet de commerce ?

Elève-t-on des dindons ? Comment, et en quelle quantité ?

...... des canards ? Quelles espèces ?

...... des oies ?

...... des pigeons ?

De quoi nourrit-on ces oiseaux ?

Sont-ils un objet de commerce ?

9.

Abeilles.

L'éducation des abeilles fait-elle un des objets

principaux de l'industrie des habitans, ou n'est-elle suivie que par quelques particuliers ?

Quelles sont les différentes formes de ruches, usitées dans le pays ?

Combien à peu près y en a-t-il dans le canton ?

Comment retire-t-on la cire ?

Est-elle vendue brute, et à qui ?

La blanchit-on sur les lieux ?

Quel est, en général, le produit des abeilles, année commune ?

10.

Vers-à-soie.

Elève-t-on des vers-à-soie, et de quelle graine ?

Comment les élève-t-on ?

Y a-t-il de grands établissemens pour cette éducation ? Quels sont-ils ? Quelles méthodes y suit-on pour toutes les parties de l'éducation des vers-à-soie ?

Vend-on les cocons ou tire-t-on la soie dans lepays ?

Dans quel état y sont les plantations de mûriers ?

Quelle quantité de soie retire-t-on, année moyenne ? à qui la vend-on, et combien ?

11.

Poissons.

Le poisson est-il abondant ?

Quels sont les poissons que fournissent les rivières, les ruisseaux et les lacs ?

Quelles sont les différentes manières de les pêcher ?

En fait-on un commerce lucratif ?

En tire-t-on quelque parti pour les Arts ?

Y a-t-il des viviers et étangs ?

Quel est leur produit ?

APPENDIX.

1.

Education des lapins.

Y a-t-il beaucoup de particuliers qui élèvent des lapins ?

Comment les nourrissent-ils, et dans quel emplacement ?

N'en élèvent-ils que pour leur consommation particulière, ou en font-ils l'objet d'une spéculation de commerce ?

Cette branche d'industrie leur rapporte-t-elle beaucoup ? Quels sont les débouchés pour la vente ?

2.

Chasse.

Le gibier est-il commun ?

Trouve-t-on des cerfs, des daims, des chevreuils, des sangliers, des lièvres ?

Quels sont les oiseaux sauvages que l'on chasse ?

Quelles sont les manières de chasser dans le pays ?

Quels sont les oiseaux de proie ?

Y a-t-il beaucoup de loups ?

Leur donne-t-on la chasse, et comment ?

Y a-t-il, dans le canton, quelqu'un qui se soit distingué par son zèle à les détruire ?

FIN.

www.ingramcontent.com/pod-product-compliance
Ingram Content Group UK Ltd.
Pitfield, Milton Keynes, MK11 3LW, UK
UKHW021630260726
13994UKWH00003B/1156

9 782329 458823